人畜共患病防控系列丛书

你问我答话马鼻疽

中国动物疫病预防控制中心 组织编写

U0296653

化学工业出版社

·北京·

内容简介

马鼻疽是由鼻疽伯克霍尔德氏菌（鼻疽伯氏菌）引起的一种人畜共患病。世界动物卫生组织（OIE）将马鼻疽列为B类动物疫病，我国将其列为二类动物疫病，以马、骡、驴易感。本书图文并茂地从防控、检疫、监督和人员防护等方面介绍了马鼻疽的防控知识，通俗易懂。本书为宣传马鼻疽防控的科普书，适合大众阅读，为从业人员和大众了解马鼻疽、防控马鼻疽的知识读物。

图书在版编目（CIP）数据

你问我答话马鼻疽/中国动物疫病预防控制中心组织编写. —北京：化学工业出版社，2020.12
（人畜共患病防控系列丛书）
ISBN 978-7-122-38219-1

Ⅰ.①你…　Ⅱ.①中…　Ⅲ.①马病–鼻疽–防治–问题解答
Ⅳ.①S858.21-44

中国版本图书馆CIP数据核字（2020）第249925号

责任编辑：刘志茹　邱飞婵　　　　　　　　装帧设计：关　飞
责任校对：王素芹

出版发行：化学工业出版社（北京市东城区青年湖南街13号
　　　　　邮政编码100011）
印　装：天津图文方嘉印刷有限公司
710mm×1000mm　1/32　印张2¼　字数35千字
2020年12月北京第1版第1次印刷

购书咨询：010-64518888
售后服务：010-64518899
网　址：http://www.cip.com.cn
凡购买本书，如有缺损质量问题，本社销售中心负责调换。

定　价：20.00元

目 录

第一部分　概述

第二部分　马鼻疽的防控措施

第三部分　马鼻疽的检疫与监督

第四部分　人员防护

概述

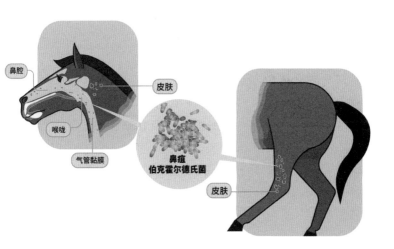

鼻腔

皮肤

喉咙

气管黏膜

鼻疽
伯克霍尔德氏菌

皮肤

1. 什么是马鼻疽?

马鼻疽是由鼻疽伯克霍尔德氏菌（简称鼻疽伯氏菌）引起的马属动物发生的传染性致死性疫病。以病畜的上呼吸道、肺和皮肤发生溃疡性结节为特征。

2. 马鼻疽在全球的流行情况怎样?

鼻疽是已知最古老的疫病之一，曾在全球范围内广泛传播。近年来，北美洲、澳大利亚、欧洲通过实施法定检测、扑杀感染动物、进口限制等措施，已消灭了该病。目前只有亚洲、非洲、中东以及南美洲的部分地区有感染病例报告。

3. 马鼻疽在我国的历史流行情况怎样?

早在东晋时期葛洪所著的《肘后备急方》一书中就有该病的记载。新中国成立后，马鼻疽曾在21个省（区、市）流行，发病范围涉及1034个县，给我国农牧业生产造成重大损失，严重危害人民群众的身体健康。1958年，国务院成立全国马鼻疽防治委员会，各地也相应成立马鼻疽防治工作领导机构。由此，马鼻疽防控工作在全国普遍开展。1981年，全国农业工作会议提出全国控制和基本消灭马鼻疽的目标。2012

年，国务院办公厅发布《国家中长期动物疫病防治规划（2012～2020）年》提出全国消灭马鼻疽目标，消灭马鼻疽各项工作全面启动。2006年以来，全国再未发现马鼻疽监测阳性畜。

4. 马鼻疽的流行特点是什么？

该病多呈散发或地方性流行。在新发地区，多为急性经过，呈暴发性流行；在常发地区多为慢性经过，呈缓慢、持续性传播。

5. 马鼻疽的危害是什么？

马鼻疽是马属动物发生的高度接触性传染病，感染马匹多呈慢性经过，可存活几年，期间可持续或间断排菌，成为传染源。鼻疽可通过直接接触患病动物或感染/污染物质而传播给人。人感染鼻疽，如果没有及时治疗，3周之内的死亡率可达95%。由于马鼻疽对人的致死性和高度传染性，马鼻疽也被认为是潜在的生物武器。

6. 马鼻疽是由什么病原引起？

马鼻疽是由鼻疽伯克霍尔德氏菌（简称鼻疽伯氏

菌）引起，该菌曾被称为鼻疽假单胞菌，可归为斐弗菌属、吕弗勒菌属、鼻疽杆菌属或放线杆菌属。1992年归到伯克霍尔德氏菌属。

7. 马鼻疽的发病原因是什么？

当鼻疽伯氏菌随着受污染的饲料或饮水进入消化道时，可侵入黏膜下结缔组织，顺着淋巴管到达最近的淋巴结中繁殖，然后侵入血液中。经皮肤伤口感染，病菌侵入血液，随血流带到各器官，引起动物发病。病菌进入肺，可引起鼻疽小结节和溃疡，随病情发展可向其他器官转移病灶。皮肤上的鼻疽病变，多沿淋巴管向附近的组织蔓延，形成串珠状的鼻疽结节，称为鼻疽淋巴管炎，即皮疽。

8. 鼻疽伯氏菌在外界环境中的存活力如何？

马鼻疽伯氏菌对外界抵抗力不强，在直射阳光下24小时可被灭活；在污染的环境中可能存活6周到数月；在自来水中至少可存活1个月。

9. 马鼻疽伯氏菌在什么条件下容易存活？

在潮湿的环境中容易存活。

10. 马鼻疽的发生有季节性吗？

马鼻疽的发生没有明显的季节性，一年四季都可发生。

11. 马鼻疽的发病潜伏期多长？

马鼻疽的潜伏期长短与病原菌的毒力、感染数量、感染途径、感染次数以及机体的抵抗力等有直接关系，自然感染的潜伏期为4周至数月。OIE《陆生动物卫生法典》规定的潜伏期为6个月。

12. 马鼻疽的传染源是什么？

临床感染和亚临床感染动物是传染源。亚临床感染动物持续不断排菌污染食物和水槽，疫病传播风险更大。

13. 马鼻疽能垂直传播吗？

有从母马垂直传播马鼻疽的报道。

14. 马鼻疽的传播途径有哪些？

马鼻疽通常通过直接接触、吸入或摄入污染的饲料、饮水、共用器具（如马具）而感染。

15. 马鼻疽的易感动物有哪些？

马、骡、驴是唯一的自然宿主。骆驼、熊、狼和犬也易感。肉食兽可因食用感染动物而感染。牛和猪有抵抗力。与病马接触，小型反刍动物也可能发生感染。

16. 什么条件下马鼻疽容易传播？

马鼻疽在群体密度大、马匹接触机会多的情况下容易传播。

17. 马鼻疽临床感染有几种类型？

鼻疽感染的临床表现根据病菌最初损伤部位分为鼻腔鼻疽、肺鼻疽和皮肤鼻疽。鼻疽可通过鼻、肺、皮肤等单一途径感染机体，也可能同时通过几种途径感染。临床上可见3种形式同时感染。

18. 马鼻疽感染都为急性感染吗？

马鼻疽感染可能为急性（或亚急性）感染，也可能为慢性或潜伏感染。鼻腔鼻疽、肺鼻疽往往表现为急性，皮肤鼻疽往往表现为慢性过程。

19. 马鼻疽感染死亡率高吗？

急性鼻疽感染死亡率高，感染马属动物往往在发病后的几天到几周（1～4周）内死亡。

20. 潜伏感染的马匹表现临床症状吗？

潜伏感染的马匹很少表现临床症状，可见鼻腔分泌物以及呼吸困难等症状。

21. 马属动物感染鼻疽的表现相同吗？

驴和骡在感染后通常会发展成急性感染，相比驴，骡的抵抗力更强，而且病程可能较慢。马感染通常发展成慢性病程。

22. 鼻腔鼻疽的主要表现是什么？

（1）病畜最初表现高热、食欲不振、咳嗽严重，引起呼吸困难；

（2）鼻腔鼻疽有高传染性；

（3）鼻腔分泌黏稠、黄绿色、黏液脓性分泌物，可能在鼻孔周围形成夹皮；

（4）眼睛可能有脓性分泌物；

（5）鼻黏膜中的结节可能会发生溃疡；

（6）单侧或者两侧颌下淋巴结肿大；在急性病例常见淋巴结硬结，偶见淋巴结化脓；

（7）鼻部感染可能扩散到下呼吸道。

23.肺鼻疽的主要表现是什么？

多数临床病例都发生肺鼻疽，病畜表现为：

（1）高热、呼吸困难、阵发性咳嗽或持续干咳并伴有呼吸困难；

（2）肺部出现结节和脓肿，也可能出现支气管肺炎；

（3）有的感染不表现症状；有的表现轻微到严重的呼吸道症状，发热或高热；

（4）进行性衰弱；也可能出现腹泻和多尿；病情会逐渐恶化。

24.皮肤鼻疽（皮疽）的主要表现是什么？

长期潜伏发展，病情逐渐恶化，病畜渐进性虚弱。

（1）最初可能出现发热、呼吸困难、咳嗽和淋巴结肿大；

（2）皮肤附近淋巴结肿大，结节性脓肿可沿淋巴管附近组织蔓延，脓肿溃破后排出黄色浓稠脓汁；

（3）溃疡愈合非常缓慢，持续排出液体；

（4）有时表现关节肿胀；

（5）皮肤损伤多见于大腿内侧、四肢和腹部。

25.鼻腔鼻疽的病理变化有哪些？

（1）鼻中隔呈现典型溃疡变化，严重时溃疡可扩散到上呼吸道，鼻中隔穿孔；

（2）鼻部、气管、咽部和喉部的溃疡可能会形成星芒状；

（3）局部淋巴结（例如上颌下）肿大和硬结，可能破裂和化脓，与深部组织粘连。

26.肺鼻疽的病理变化有哪些？

（1）肺磨面下层有粟米粒、高粱米或黄豆大的结节，有的半球状隆起于表面，有的散布于肺叶中，有的密布于全肺，早期结节周围有出血带；

（2）肺结节发展为干酪样或钙化；结节排出内容物，将疾病传播到上呼吸道；

（3）在肝、脾和肾中可见肉芽肿性结节。

27.皮肤鼻疽的病理变化有哪些？

多发于四肢、胸侧及下腹部。沿皮肤淋巴管形成硬固的结节，结节进一步恶化并形成溃疡，释放出传染性强的黏性、黄色脓汁。

（1）结节破裂后，可能愈合或扩展到周围组织；

（2）淋巴管肿胀、增厚、索状肿胀、形成串珠状结节；

（3）在肝和脾有脓疱性结节；

（4）公畜并发睾丸炎。

28.临床上马鼻疽要注意与哪些疫病进行鉴别诊断？

临床上要与其他慢性鼻黏膜或鼻旁窦感染、马腺疫（马链球菌感染）、溃疡性淋巴管炎（假结核棒状杆菌）、假结核（假结核耶尔森菌）和孢丝菌病（孢子丝菌），特别是流行性淋巴管炎（马鼻疽组织胞浆菌）相区别。

29.马鼻疽的诊断方法有哪些？

马鼻疽的诊断方法包括病原检测以及免疫学检测。免疫学检测方法主要包括补体结合试验、酶联免疫吸附试验（ELISA）、免疫印迹试验和鼻疽菌素试验等。病原检测主要包括病原分离鉴定、PCR和荧光定量PCR。

OIE推荐的马鼻疽诊断方法及应用目的详见表1。

表 1　马鼻疽检测方法及应用目的

方法	目的					
	非感染群确认	调运前无感染的个体动物	扑灭政策	临床病例的确认	感染情况的监测	免疫接种后个体或群体的免疫评价
检测病原						
PCR	−	−		+	++	n/a
病毒分离鉴定	−	−		+	−	n/a
检测免疫反应						
补体结合试验	++	++[①]	+++	+	+++	n/a
ELISA	+	+	++	+	++	n/a
鼻疽菌素试验	+	+	++	+	++	n/a
免疫印迹试验	+	+	++	+	++	n/a

① 适用于马的样品检测。

注: +++代表推荐方法; ++代表适用方法; +代表可以使用本方法, 但是受检测成本、可信度或其他因素影响严重; −代表不适用本目的的方法; n/a代表不适用。

30.马鼻疽病原分离采集什么样品?

可采集病灶或呼吸道分泌物。在新鲜病灶涂片中有大量菌体, 旧病灶中较少, 因此采样最好选择未暴露和未污染的病灶。

31. 鼻疽伯氏菌有什么特征?

鼻疽伯氏菌主要存在于细胞外,可被亚甲蓝或革兰氏染色剂染色,为中间直而两端钝圆的革兰氏阴性菌,长2～5微米,宽0.3～0.8微米,内含大小不同的颗粒状内容物。光学显微镜下,着色不均匀,无明显荚膜,不形成芽孢。电镜下可见荚膜样被膜。不同于假单胞菌群中其他细菌及与其关系密切的类鼻疽伯氏菌,鼻疽伯氏菌没有菌毛,不能运动。在组织切片中可形成串珠状,但不易观察。在培养基中,形态随培养物的培养时间长短和培养基的类型不同而发生变化。本菌在老龄培养物中常具多形性,在肉汤培养物表面形成丝状分支。

32. 马鼻疽伯氏菌的培养条件是什么?

马鼻疽伯氏菌为需氧菌,仅在有硝酸盐时兼性厌氧,最适宜在37℃条件下生长。普通培养基上生长良好,但比较缓慢,推荐培养时间为72小时。在培养基中加入甘油有利于本菌生长,在甘油琼脂培养基上培养几天后,生长物融合成片,稍带奶油色,光滑、湿润且黏稠。继续培养后,生长物增厚,变成暗棕色且比较粗糙。本菌在甘油土豆琼脂和甘油肉汤中生长也较好,表面形成黏性菌膜。普通营养琼脂上生长不佳,在明胶上生长较差。在无菌条件下如从样品中不能分离到本菌,一般是由其他细菌过度生长所致。

33.马鼻疽伯氏菌的生化反应特性是什么？

本菌在体外培养后某些特征可能发生变化，应用新鲜分离物做生化鉴定。阳性生化反应包括还原硝酸盐、精氨酸双水解酶阳性、葡萄糖、N-乙酰半乳糖氨酶、葡萄糖酸盐同化。不同分离株的阿拉伯糖、果糖、甘露糖、甘露醇、己二酸、苹果酸、柠檬酸三钠、苯乙酸的同化反应和VP反应有差异。本菌不产生吲哚，不溶解马血，不产生可扩散性色素。

34.对于污染的样品，怎么进行培养鉴定？

如样品已被污染，则应在培养基中加入已证明能抑制革兰氏阳性菌生长的物质(如结晶紫、原黄素等)，并用青霉素进行预处理（1000U/mL，37℃作用3小时），也可使用选择性培养基培养。

35.可用实验动物分离细菌吗？

必要时，豚鼠、仓鼠和猫均可用于诊断。可疑病料经腹腔接种雄性豚鼠。鉴于实验的敏感性仅为20%，应至少接种5只动物。阳性病料可引起实验动物出现严重的局部腹膜炎和睾丸炎（斯特劳斯反应），细菌的数量和毒力决定病变的严重程度。如样品有污染，则还需进一步鉴定。由于斯特劳斯反应不是鼻疽的特异反应，应对感染睾丸进行细菌学检查，排除其他细菌感染。

36.马鼻疽国际贸易指定的检测方法是什么？

是补体结合试验。

37.马鼻疽补体结合试验的优缺点是什么？

补体结合试验特异性为90%～95%。对于感染后1周的动物就可检出阳性，对慢性病例可持续检测到阳性。但补体结合试验的敏感性低于鼻疽菌素试验。

38.鼻疽菌素试验的优缺点是什么？

鼻疽菌素试验敏感性高，但检测临诊急性晚期病畜时，可能出现不确定的结果，需借助其他方法进行诊断。

39.鼻疽菌素点眼法怎么操作？

（1）点眼前必须进行两眼对照检查，眼结膜正常者可进行点眼，点眼后检查颌下淋巴结、体表状况及有无鼻漏等。

（2）规定间隔5～6日做两回点眼为一次检疫，每回点眼用鼻疽菌素原液3～4滴（0.2～0.3毫升）、两回点眼必须点于同一眼中，一般应点于左眼，左眼生病可点于右眼，并在记录中说明。

（3）点眼应在早晨进行，最后第9小时的判定须在白天进行。

（4）点眼前助手固定马匹，术者左手用食指插入上眼睑窝内使瞬膜露出，用拇指拨开下眼睑构成凹兜，右手持点眼器保持水平方向，手掌下缘支撑额骨眶部，点眼器尖端距凹兜约1厘米，拇指按胶皮乳头滴入鼻疽菌素3～4滴。

（5）点眼后注意系拴。防止风沙侵入、阳光直射眼睛及动物自行摩擦眼部。

（6）判定反应。在点眼后每3小时检查1次，连续检查3次，尽可能于注射24小时再检查一次。判定时先由马头正面两眼对照观察，在第6小时要翻眼检查，其余观察必要时需翻眼。细查结膜状况，有无眼眦，并按判定符号记录结果。

（7）每次检查点眼反应时均应记录判定结果。最后判定以连续两回点眼之中最高一回反应为准。

（8）鼻疽菌素点眼反应判定标准

① 阴性反应：点眼后无反应或结膜轻微充血及流泪，为阴性，记录为"－"。

② 疑似反应：结膜潮红，轻微肿胀，有灰白色浆液性及黏液性(非脓性)分泌物(眼眦)的，为疑似阳性，记录为"±"。

③ 阳性反应：结膜发炎，肿胀明显，有数量不等脓性分泌物（眼眦）的为阳性，记录为"+"。

40.我国有马鼻疽参考实验室吗？

中国农业科学院哈尔滨兽医研究所为马鼻疽国家参考实验室。

第二部分

马鼻疽的防控措施

皮肤溃疡

鼻腔分泌物

立即向当地兽医机构报告

41.我国将马鼻疽列为几类疫病？

我国将马鼻疽列为二类动物疫病管理。

42.发生马鼻疽可以治疗吗？

马鼻疽是我国已经消灭的动物疫病，不允许治疗，发生疫情应立即按照国家相关规定上报疫情。

43.有马鼻疽疫苗吗？

目前没有马鼻疽疫苗。

44.发现疑似马鼻疽病畜后，养殖场（户）应该怎么办？

任何单位和个人发现马属动物出现疑似马鼻疽临床症状或异常死亡的，应隔离疑似患病马属动物，限制其移动，并立即向当地兽医主管部门报告。

45.马属动物养殖、经营的人员有报告疑似马鼻疽疫情的义务吗？

《中华人民共和国动物防疫法》规定，从事动物疫情监测、检验检疫、疫病研究与诊疗以及动物饲养、屠宰、经营、隔离、运输等活动的单位和个人，发现动物染疫或者疑似染疫的，应当立即向当地兽医主管部门报告，并采取隔离等控制措施，防止动物疫情扩散。马属动物养殖、经营人员发现马属动物出现疑似马鼻疽临床症状，应立即向当地兽医主管部门报告。

46.动物疫病预防控制机构可以对养殖、经营的马属动物进行监测吗？

《中华人民共和国动物防疫法》规定：动物疫病预防控制机构应当按照国务院兽医主管部门的规定，对动物疫病的发生、流行等情况进行监测；从事动物饲养、屠宰、经营、隔离、运输以及动物产品生产、经营、加工、贮藏等活动的单位和个人不得拒绝或者阻碍。动物疫病预防控制机构有权对养殖、经营的马属动物进行监测。

47.马属动物养殖场（户）怎么防控马鼻疽？

马属动物养殖场（户）应每天至少对马匹进行两次临床监视。加强动物防疫条件建设，认真执行各项动物防疫制度。提高生物安全水平，严格执行出入管理，禁止无关人员和车辆进入养殖场区。引入马匹，经检疫合格后方可引入，引入后与场内动物分开饲养14天，进行健康检查、免疫、监测，确认健康后方可混群饲养。应配备与饲养规模相适应的清洗消毒设施，做好圈舍、场地、人员和车辆的消毒。发现染疫或疑似染疫的马匹，立即将其转入封闭隔离舍观察，限制同群马匹移动，并及时按规定向当地畜牧兽医部门报告。

养马户应当做好马匹的饲养管理，做好马厩内卫生，提高马匹抗病能力。不随意借马，交换马匹。引入马匹要隔离观察14天确认健康后方可混群。放牧地点要相对固定。病马要立即隔离，不得与健康马有任何接触。加强马匹的临床监视，发现染疫和疑似染疫的马匹，应立即做好马匹隔离，同时立即向当地畜牧兽医部门报告。

48.马属动物经营者应怎样防控马鼻疽？

马属动物经营者应按照《中华人民共和国动物防疫法》和《动物检疫管理办法》相关规定，做好疫情报告和检疫申报。马属动物经营者应强化防疫隔离带、隔离围墙等设施建设，规范马厩、马匹进出通道建设，设置防虫、防鸟及防鼠害等装置。制定经营场所及周边消毒、杀虫等动物防疫方案，制定进入经营场所的马属动物、人员、饲料、设施设备、草垫、治疗药物、运输工具等管理制度，落实检疫监管工作要求。发现染疫和疑似染疫的马匹，立即将其转入封闭隔离舍观察，限制同群马属动物移动，并及时按规定向当地畜牧兽医部门报告。马属动物经营者还应该遵守《中华人民共和国进出境动植物检疫法》等相关规定，禁止直接或间接从发生马鼻疽的国家和地区输入马属动物及其产品。

49.发生马鼻疽疫情，疫点怎么划定？

按照《马鼻疽防治技术规范》要求，发生马鼻疽疫情时，疫点是指患病马属动物所在的地点，一般是指患病马属动物的同群畜所在的养殖场（户）或其他有关屠宰、经营单位；散养情况下，疫点指患病马属动物所在的自然村。

50.发生马鼻疽疫情，疫区怎么划定？

按照《马鼻疽防治技术规范》要求，以疫点为中心，外延3～5千米范围内的区域划定为疫区，疫区划定时要充分考虑当地的饲养环境和天然屏障条件。

51.发生马鼻疽疫情，疫点内所有马匹都要扑杀吗？

对疫点内的马属动物进行检测，根据检测结果，将马属动物群分为患病群、疑似感染群和假定健康群三类。对临床病畜和鼻疽菌素试验阳性畜要扑杀，疑似感染群、假定健康群隔离观察。疑似感染群和假定健康群经6个月隔离观察后，不再发病，可解除隔离。

52.疫区什么情况下可以解除封锁？

对疫区最后一匹患病马属动物进行捕杀处理、彻底消毒后，对疫区监测90天未见新病例；且经过半年时间采用鼻疽菌素试验逐匹检查，未检出鼻疽菌素试验阳性马属动物，并对所污染场所、设施设备和受污染的其他物品彻底消毒后，经当地动物疫病预防控制机构检查合格，由原当地县级以上兽医主管部门报请原发布封锁令的人民政府解除封锁。

53.哪些消毒剂能有效杀灭马鼻疽病原菌？

石灰乳、氢氧化钠溶液、含0.5%有效氯的消毒液等均可杀灭马鼻疽伯氏菌。

54.被病畜污染的水能传播马鼻疽吗？

研究表明，水源污染后可能会传播马鼻疽，但马鼻疽伯氏菌对外界的抵抗力不强，日光直射24小时即可将其灭活。因此在日常饲养管理过程中要做好水源管理，对饮水槽定期消毒。

55.怎么选用合适的消毒方式？

可针对动物、器具、物品、环境和人员等不同消毒对象选择合适的消毒方式。消毒前必须彻底清除污物、饲料、垫料。圈舍、场地、墙面可用喷洒、喷雾方式消毒；器具、衣物等物品可用浸泡方式消毒；密闭环境可用熏蒸消毒；耐高温的墙壁、地面或者围栏等还可采用火焰消毒。

56.带畜消毒怎么操作？

带畜消毒常用喷雾消毒法。带畜消毒的关键是要选用杀菌（毒）作用强而对畜体无害，对塑料、金属器具腐蚀性小的消毒药。常可选用0.2% ～ 0.3%过氧乙酸、0.1%次氯酸钠等。选用高压动力喷雾器或背负式手摇喷雾器，将喷头高举空中，喷嘴向上以画圆圈方式先内后外逐步喷洒，使药液如雾一样缓慢下落。要喷到墙壁、屋顶、地面，以均匀湿润到体表稍湿为宜，不得对畜体直喷。

第三部分

马鼻疽的检疫与监督

57.马鼻疽的控制标准是什么?

（1）县级控制标准：

① 全县（市、区、旗）范围内，连续两年无马鼻疽临床病例；

② 全县（市、区、旗）范围内连续两年检查，经鼻疽菌素试验阳性率不高于0.5%；

③ 鼻疽菌素试验阳性马属动物全部捕杀，并做无害化处理。

（2）市级控制标准：市（地、盟、州）所有县（市、区、旗）均达到控制标准。

（3）省级控制标准：全省所有市（地、盟、州）均达到控制标准。

（4）全国控制标准：全国所有省（市、区）均达到控制标准。

58.马鼻疽的消灭标准是什么?

（1）县级消灭标准：

① 达到控制标准后，全县（市、区、旗）范围内连续两年无马鼻疽开放性病例；

② 达到控制标准后，全县（市、区、旗）范围内连续两年鼻疽菌素试验检查，每年抽检100匹（不足100匹者全检），结果全部阴性。

（2）市级消灭标准：全市（地、盟、州）所有县（市、区、旗）均达到消灭标准。

（3）省级消灭标准：全省所有市（地、盟、州）均达到消灭标准。

（4）全国消灭标准：全国所有省(市、自治区)均达到消灭标准。

59.发生马鼻疽后为什么要追踪溯源？

发病牲畜是马鼻疽的主要传染源。病畜会通过粪便、尿、唾液、鼻液、皮肤溃疡等分泌物不断污染环境、传播疫病或通过直接接触感染健康家畜，引起疫病扩散。通过对病畜或带菌牲畜的追踪，对于及时捕杀病畜、防止疫源扩散具有重要意义。

60.马鼻疽的主要防治手段是什么？

检疫清群是防治马鼻疽非常有效的技术手段。许多国家通过检疫、扑杀感染动物、进口限制等措施消灭了马鼻疽。我国也采用这种国际通用的防治方法。

61.马属动物的产地检疫要检疫马鼻疽吗？

按照《马属动物产地检疫规程》规定，马属动物的产地检疫要检疫马鼻疽。

62.马属动物产地检疫如何检疫马鼻疽?

产地检疫时,要重点关注马属动物是否出现体温升高、精神沉郁;呼吸、脉搏加快;颌下淋巴结肿大;鼻孔一侧(有时两侧)流出浆液性或黏性鼻汁,鼻疽结节、溃疡、瘢痕等。如果出现以上症状,应怀疑感染马鼻疽。对怀疑患有马鼻疽的,采用变态反应方法(常用鼻疽菌素点眼法)诊断,鼻疽菌素点眼阳性者,判定为鼻疽阳性畜。

63.马属动物在出售或运出前必须申报检疫吗?

按照《动物检疫管理办法》规定,动物、动物产品在出售或者调出离开产地前,货主必须向所在地动物防疫监督机构提前报检。马属动物在出售或运出前必须向所在地动物防疫监督机构提前申报检疫。

64.参展、参赛和演出的马匹需要申报检疫吗?

参展、参赛和演出的马匹在启运前,必须向当地动物防疫监督机构报检。

65.参展、参赛和演出的马匹到达参展、参赛、演出地点后需要申报检疫吗?

参展、参赛和演出的马匹到达参展、参赛、演出地点后,货主应凭检疫合格证明到当地动物防疫监督机构报验。

66.马属动物经营场所需要定期进行消毒吗?

需要。消毒是控制传染源、切断传播途径的有效措施之一。有效实施消毒,可以杀灭环境中的病原体。马属动物经营场所马匹来源多、交流频繁,定期消毒是控制疫病交叉感染的有效措施。

67.从马鼻疽无疫国家或地区进口马属动物应注意什么?

按照OIE《陆生动物卫生法典》,应有进口国提供的国际兽医卫生证书,证明动物:在装运当日无马鼻疽临床症状;或者,自出生起或在装运前至少6个月内,一直饲养在无马鼻疽国家或地区。

68.进口马属动物精液应注意什么

按照OIE《陆生动物卫生法典》,应有进口国提供的国际兽医卫生证书,证明在采精之日,供精动物:无马鼻疽临床症状；且临床检查没有睾丸炎，阴茎或身体其他部位没有皮肤病变。

69.新引进的马需要隔离才能和健康马混群吗？

新引进的马属动物必须隔离饲养一段时间，确认无传染病后方可混群饲养。

70.消灭马鼻疽后为什么还要持续进行监测？

随着社会的发展，我国市场流通日益频繁，边民互市日趋活跃，马鼻疽外来疫情传入的威胁依然存在。因此，应做好马鼻疽的监测，防止疫病的传入。

第四部分

人员防护

戴护目镜

戴口罩

废弃物
无害化处理

消毒、洗手

穿防护服

穿胶鞋

71.人能感染马鼻疽吗？

马鼻疽属于人畜共患病，人对马鼻疽易感。

72.人感染马鼻疽的主要途径是什么？

人可以通过消化道、损伤的皮肤和黏膜感染，还可以通过气溶胶经呼吸道感染。

（1）皮肤及黏膜接触感染。直接接触传播是人感染的主要途径，如皮肤外露、损伤部分或眼结膜等部位直接接触到患者或病畜的分泌物或排泄物而感染，也可以眼结膜等部位接触污染物而感染。尤其是饲养、治疗或屠宰病畜、处理病畜尸体时，鼻疽伯氏菌经皮肤或黏膜破损处侵入人体。

（2）呼吸道感染。当患者或病畜咳嗽、打喷嚏时，可通过气溶胶使健康的家畜、实验人员、兽医及饲养人员感染。也可因清理病畜排泄物或打扫马厩时吸入含致病菌的尘埃而感染。新分离的致病菌，致病力较强，可使实验室工作人员吸入感染。

（3）消化道感染。由于食入被鼻疽伯氏菌污染的食物，鼻疽伯氏菌通过口腔、食管等消化道黏膜感染。

73.人感染马鼻疽与年龄、性别有关吗？

目前研究表示，人感染马鼻疽，与其年龄、性别没有明显相关。

74.人感染马鼻疽与职业有关吗？

人类鼻疽多为散发，与其职业有密切的关系，如兽医、饲养员或实验室人员。

75.人感染马鼻疽的潜伏期有多长？

潜伏期一般为 1 ～ 14 天。

临床上可分为急性期和慢性期两种类型，但以前者多见。

急性期：患者体温高达40℃，呈弛张热型，发热时伴有恶寒、多汗、头痛、全身疼痛、乏力和食欲减退。在感染部位形成炎性硬结，化脓变软，破裂后，流出脓汁，并形成溃疡。有的患者有肺炎，X线检查肺部呈云雾状病变，患者有胸痛、咳嗽和咳痰，有时痰中带血。有的患者有膝关节炎和/或踝关节炎。如细菌进入血流，可产生菌血症和脓毒血症。

慢性期：全身症状较轻、低热、全身不适、头痛和关节痛等症状。局部症状与急性期相似。

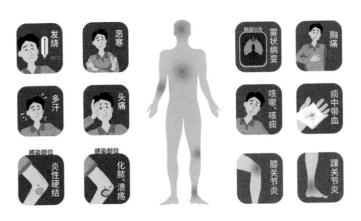

77.在人畜混居环境下人是否容易感染马鼻疽?

研究表明，水源污染后可能将马鼻疽病原从动物传播到人类，并保持感染能力达几周。在人畜混居环境中应做到人畜饮水分开，做好个人防护。在接触病畜、病料及污染物时应严格按规定操作，以防感染。

78.如何防止人感染马鼻疽?

（1）饲养健康马匹；
（2）饲养人注意日常防护；
（3）防疫/检测人员注意实验室生物安全；
（4）人感染后尽快到附近医院就医。

79.处理马鼻疽感染病畜时，如何进行个人防护?

处理患马鼻疽的病畜时，应加强自我防护，避免自身感染。一要戴口罩，口罩不得交叉使用，用过的口罩不得随意丢弃；二要穿防护服；三要戴护目镜；四要穿胶鞋；五要在处理完病畜后，在脱掉防护装备后消毒、洗手；六要将废弃物装入塑料袋内，置于指定地点，统一进行无害化处理；七要遵守上述各项环节的正确操作程序；八要严格按规定采集病料。

80.进行马鼻疽实验室检测时，如何进行个人防护？

对从事马鼻疽实验室检测人员，必须注意无菌操作与消毒，加强自我防护，避免自身感染。

一是开展病原分离培养、动物感染实验以及未经培养的感染性材料实验时，要在具备BSL-2条件的实验室进行检测；二是在实验室中应穿专用工作服或防护服，戴手套，必要时戴防护眼镜；三是离开实验室，必须脱下工作服，留在实验区，不得穿着进入办公区；四是工作服应定期消毒；五是如可能发生感染性材料的溢出或溅出宜戴两副手套，不得戴着手套离开实验室，工作完全结束后方可摘除手套，一次性手套不得清洗和再次使用；六是当微生物的操作不可能在生物安全柜内进行，而必须采取外部操作时，为防止感染性材料溅出或雾化危害，必须使用面部保护装置（护目镜、面罩、个体呼吸保护用品或其他防溅出保护设备）；七是严格遵守其他操作规程。

马鼻疽防治技术规范

马鼻疽(Glanders)是由假单胞菌科假单胞菌属的鼻疽假单胞菌感染引起的一种人兽共患传染病。我国将其列为二类动物疫病。

为预防、控制和消灭马鼻疽，依据《中华人民共和国动物防疫法》及有关的法律法规，特制定本规范。

1 适用范围

本规范规定了马鼻疽的诊断、疫情报告、疫情处理、防治措施、控制和消灭标准。

本规范适用于中华人民共和国境内从事马属动物的饲养、经营和马属动物产品加工、经营，以及从事动物防疫活动的单位和个人。

2 诊断

2.1 流行特点

以马属动物最易感，人和其他动物如骆驼、犬、猫等也可感染。鼻疽病马以及患鼻疽的其他动物均为本病的传染源。自然感染主要通过与病畜接触，经消化道或损伤的皮肤、黏膜及呼吸道传染。本病无季节性，多呈散发或地方性流行。在初发地区，多呈急性、暴发性流行；在常发地区多呈慢性经过。

2.2 临床特征

本病的潜伏期为6个月。

临床上常分为急性型和慢性型。

急 性 型 病初表现体温升高，呈不规则热

（39～41℃）和颌下淋巴结肿大等全身性变化。肺鼻疽主要表现为干咳，肺部可出现半浊音、浊音和不同程度的呼吸困难等症状；鼻腔鼻疽可见一侧或两侧鼻孔流出浆液、黏液性脓性鼻汁，鼻腔黏膜上有小米粒至高粱米粒大的灰白色圆形结节突出黏膜表面，周围绕以红晕，结节坏死后形成溃疡，边缘不整，隆起如堤状，底面凹陷呈灰白色或黄色；皮肤鼻疽常于四肢、胸侧和腹下等处发生局限性有热有痛的炎性肿胀并形成硬固的结节。结节破溃排出脓汁，形成边缘不整、喷火口状的溃疡，底部呈油脂样，难以愈合。结节常沿淋巴管径路向附近组织蔓延，形成念珠状的索肿。后肢皮肤发生鼻疽时可见明显肿胀变粗。

慢性型　临床症状不明显，有的可见一侧或两侧鼻孔流出灰黄色脓性鼻汁，在鼻腔黏膜常见有糜烂性溃疡，有的在鼻中隔形成放射状瘢痕。

2.3　病理变化

主要为急性渗出性和增生性变化。渗出性为主的鼻疽病变见于急性鼻疽或慢性鼻疽的恶化过程中；增生性为主的鼻疽病变见于慢性鼻疽。

肺鼻疽　鼻疽结节大小如粟粒、高粱米及黄豆大，常发生在肺膜面下层，呈半球状隆起于表面，有的散布在肺深部组织，也有的密布于全肺，呈暗红色、灰白色或干酪样。

鼻腔鼻疽　鼻中隔多呈典型的溃疡变化。溃疡数量不一，散在或成群，边缘不整，中央像喷火口，底面不平呈颗粒状。鼻疽结节呈黄白色，粟粒呈小豆大小，周围有晕环绕。鼻疽瘢痕的特征是呈星芒状。

皮肤鼻疽 初期表现为沿皮肤淋巴管形成硬固的念珠状结节。多见于前驱及四肢，结节软化破溃后流出脓汁，形成溃疡，溃疡有堤状边缘和油脂样底面，底面覆有坏死性物质或呈颗粒状肉芽组织。

2.4 实验室诊断

2.4.1 变态反应诊断

变态反应诊断方法有鼻疽菌素点眼法、鼻疽菌素皮下注射法、鼻疽菌素眼睑皮内注射法，常用鼻疽菌素点眼法（见附件）。

2.4.2 鼻疽补体结合反应试验（见附件）。该方法为较常用的辅助诊断方法，用于区分鼻疽阳性马属动物的类型，可检出大多数活动性病畜。

2.5 结果判定

无临床症状慢性马鼻疽的诊断以鼻疽菌素点眼法为主，血清学检查为辅；开放性鼻疽的诊断以临床检查为主，病变不典型的，则须进行鼻疽菌素点眼试验或血清学试验。

2.5.1 具有明显鼻疽临床特征的马属动物，判定为开放性鼻疽病畜。

2.5.2 鼻疽菌素点眼阳性者，判定为鼻疽阳性畜。

3 疫情报告

3.1 任何单位和个人发现疑似疫情，应当及时向当地动物防疫监督机构报告。

3.2 动物防疫监督机构接到疫情报告并确认后，按《动物疫情报告管理办法》及有关规定及时上报。

4 疫情处理

4.1 发现疑似患病马属动物后，畜主应立即隔离患病马属动物，限制其移动，并立即向当地动物防疫监督机构报告。动物防疫监督机构接到报告后，应及时派员到现场进行诊断，包括流行病学调查、临床症状检查、病理检查、采集病料、实验室诊断等，并根据诊断结果采取相应防治措施。

4.2 确诊为马鼻疽病畜后，当地县级以上人民政府畜牧兽医行政管理部门应当立即派人到现场，划定疫点、疫区、受威胁区；采集病料、调查疫源，及时报请同级人民政府对疫区实行封锁，并将疫情逐级上报国务院畜牧兽医行政管理部门。县级以上人民政府根据需要组织有关部门和单位采取隔离、捕杀、销毁、消毒等强制性控制、扑灭措施，并通报毗邻地区。

4.2.1 划定疫点、疫区、受威胁区

疫点 指患病马属动物所在的地点，一般是指患病马属动物的同群畜所在的养殖场（户）或其他有关屠宰、经营单位；散养情况下，疫点指患病马属动物所在的自然村（屯）。

疫区 由疫点外延3公里范围内的区域。疫区划分时注意考虑当地的饲养环境和天然屏障（如河流、山脉等）。

受威胁区 是指疫区外延5公里范围内的区域。

4.2.2　封锁

按规定对疫区实行封锁。疫区封锁期间，染疫和疑似染疫的马属动物及其产品不得出售、转让和调群，禁止移出疫区；繁殖马属动物要用人工授精方法进行配种；种用马属动物不得对疫区外马属动物配种；对可疑马属动物要严格隔离检疫；关闭马属动物交易市场。禁止非疫区的马属动物进入疫区，并根据扑灭疫情的需要对出入封锁区的人员、运输工具及有关物品采取消毒和其他限制性措施。

4.2.3　隔离

当发生马鼻疽时，要及时应用变态反应等方法在疫点对马属动物进行检测，根据检测结果，将马属动物群分为患病群、疑似感染群和假定健康群三类。立即捕杀患病群，隔离观察疑似感染群、假定健康群。经6个月观察，不再发病方可解除隔离。

4.2.4　检测

疫区内须对疑似感染马属动物和周围的马属动物隔离饲养，每隔6个月检测一次，受威胁区每年进行两次血清学（鼻疽菌素试验）检测，直至全部阴性为止；无疫区每年进行一次血清学检测。

4.2.5　捕杀

对临床病畜和鼻疽菌素试验阳性畜，均须在不放血的条件下进行捕杀。

4.2.6　销毁处理

病畜和阳性畜及其胎儿、胎衣、排泄物等按照《病害动物和病害动物产品生物安全处理规程》（GB

16548—2006）进行无害化处理。焚烧和掩埋的地点应选择距村镇、学校、水源、牧场、养殖场等1公里以外的地方，挖深坑将尸体焚烧后掩埋，掩埋土层不得低于1.5米。

4.2.7 消毒

对患病或疑似感染马属动物污染的场所、用具、物品等严格进行消毒；污染的垫料及粪便等采取堆积泥封发酵、高温等方法处理后方可使用。

4.2.8 封锁的解除

疫区从最后一匹患病马属动物捕杀处理后，并经彻底消毒等处理后，对疫区内监测90天，未见新病例；且经过半年时间采用鼻疽菌素试验逐匹检查，未检出鼻疽菌素试验阳性马属动物的，并对所污染场所、设施设备和受污染的其他物品彻底消毒后，经当地动物防疫监督机构检查合格，由原发布封锁令机关解除封锁。

5 预防与控制

5.1 加强饲养管理，做好消毒等基础性防疫工作，提高马匹抗病能力。

5.2 检疫

异地调运马属动物，必须来自非疫区；出售马属动物的单位和个人，应在出售前按规定报检，经当地动物防疫监督机构检疫，证明马属动物装运之日无马鼻疽症状，装运前6个月内原产地无马鼻疽病例，装运前15天经鼻疽菌素试验或鼻疽补体结合反应试验，结果为阴性，并签发产地检疫证后，方可启运。

调入的马属动物必须在当地隔离观察30天以上，经当地动物防疫监督机构连续两次（间隔5～6天）鼻疽菌素试验检查，确认健康无病，方可混群饲养。

运出县境的马属动物，运输部门要凭当地动物防疫监督机构出具的运输检疫证明承运，证明随畜同行。运输途中发生疑似马鼻疽时，畜主及承运者应及时向就近的动物防疫监督机构报告，经确诊后，动物防疫监督机构就地监督畜主实施捕杀等处理措施。

5.3 监测

稳定控制区 每年每县抽查200匹（不足200匹的全检），进行鼻疽菌素试验检查，如检出阳性反应的，则按控制区标准采取相应措施。

消灭区 每县每年鼻疽菌素试验抽查马属动物100匹（不足100匹的全检）。

6 控制和消灭标准

6.1 控制标准

6.1.1 县级控制标准

控制县（市、区、旗）应达到以下三项标准：

A 全县（市、区、旗）范围内，连续两年无马鼻疽临床病例。

B 全县（市、区、旗）范围内连续两年检查，每年抽检200匹（不足200匹全检），经鼻疽菌素试验阳性率不高于0.5%。

C 鼻疽菌素试验阳性马属动物全部捕杀，并做无害化处理。

6.1.2　市级控制标准

全市（地、盟、州）所有县（市、区、旗）均达到控制标准。

6.1.3　省级控制标准

全省所有市（地、盟、州）均达到控制标准。

6.1.4　全国控制标准

全国所有省（市、自治区）均达到控制标准。

6.2　消灭标准

6.2.1　县级马鼻疽消灭标准必须具备以下两项条件：

A　达到控制标准后，全县（市、区、旗）范围内连续两年无马鼻疽病例。

B　达到控制标准后，全县（市、区、旗）范围内连续两年鼻疽菌素试验检查，每年抽检100匹（不足100匹者全检），全部阴性。

6.2.2　市级马鼻疽消灭标准

全市（地、盟、州）所有县（市、区、旗）均达到消灭标准。

6.2.3　省级马鼻疽消灭标准

全省所有市（地、盟、州）均达到消灭标准。

6.2.4　全国马鼻疽消灭标准

全国所有省（市、自治区）均达到消灭标准。

1 总则

1.1 为统一马鼻疽（以下简称鼻疽）检疫诊断技术及判定标准，并提高鼻疽诊断技术及判定标准的准确性，特制定鼻疽诊断技术及判定标准（以下简称本标准）。

1.2 对马、驴、骡进行鼻疽检疫时，统一按本标准规定办理。

1.3 本标准以鼻疽菌素点眼反应为主。必要时进行补体结合反应、鼻疽菌素皮下注射反应或眼睑皮内注射反应。

1.4 凡鼻疽临床症状显著的马、骡、驴，确认为开放性鼻疽的，可以不进行检疫。

1.5 各种检疫记录表（见7附表），须保存2年以上。

2 鼻疽菌素点眼操作方法

2.1 器材药品

2.1.1 鼻疽菌素、硼酸、来苏尔、脱脂棉、纱布、酒精、碘酒、记录表。

2.1.2 点眼器、唇（耳）夹子、煮沸消毒器、镊子、消毒盘、工作服、口罩、线手套。

注意：在所盛鼻疽菌素用完或在点眼过程中被污染（接触结膜异物）的点眼器，必须消毒后再使用。

2.2　点眼前必须两眼对照，详细检查眼结膜和单、双瞎等情况，并记录。眼结膜正常者可进行点眼，点眼后检查颌下淋巴结、体表状况及有无鼻漏等。

2.3　规定间隔5～6日做两回点眼为一次检疫，每回点眼用鼻疽菌素原液3～4滴（0.2～0.3mL），两回点眼必须点于同一眼中，一般应点于左眼，左眼生病时可点于右眼，并在记录中说明。

2.4　点眼应在早晨进行，最后第9小时的判定须在白天进行。

2.5　点眼前助手固定马匹，术者左手用食指插入上眼睑窝内使瞬膜露出，用拇指拨开下眼睑构成凹兜，右手持点眼器保持水平方向，手掌下缘支撑额骨眶部，点眼器尖端距凹兜约1cm，拇指按胶皮乳头滴入鼻疽菌素3～4滴。

2.6　点眼后注意系拴。防止风沙侵入、阳光直射眼睛及动物自行摩擦眼部。

2.7　判定反应。在点眼后每3小时检查1次，连续检查3次，尽可能于注射24小时再检查一次。判定时先由马头正面两眼对照观察，在第6小时要翻眼检查，其余观察必要时须翻眼。细查结膜状况，有无眼眦，并按判定符号记录结果。

2.8　每次检查点眼反应时均应记录判定结果。最后判定以连续两回点眼之中最高一回反应为准。

2.9　鼻疽菌素点眼反应判定标准

2.9.1　阴性反应：点眼后无反应或结膜轻微充血及流泪，为阴性。记录为"－"。

2.9.2　疑似反应：结膜潮红，轻微肿胀，有灰白色浆液性及黏液性（非脓性）分泌物（眼眦）的，为疑似阳性。记录为"±"。

2.9.3　阳性反应：结膜发炎，肿胀明显，有数量不等脓性分泌物（眼眦）的为阳性。记录为"＋"。

3　鼻疽菌素皮下注射（热反应操作方法）

3.1　药品器材

3.1.1　鼻疽菌素原液、来苏尔、酒精、碘酒、脱脂棉、纱布、记录表。

3.1.2　工作服、口罩、线手套、毛刷、毛剪、耳夹子、注射器、针头、体温计、煮沸消毒器、消毒盘、镊子。

3.2　皮下注射前一日做一般临床检查，早午晚分别测量并记录体温，体温正常的方可做皮下注射。

3.3　皮下注射前所测3次体温，其中如有一次超过39℃，或3次体温平均数超过38.5℃，或在前一次皮下注射后尚未经过一个半月以上的，均不得做皮下注射。

3.4　注射部位通常在左颈侧或胸部肩胛前，术部剪毛消毒后注射鼻疽菌素原液1mL。

3.5 牲畜在注射后24小时内不得使役，不得饮冷水。

3.6 注射通常在零点进行。注射后6小时起测温，每隔2小时测一次（即注射后6小时、8小时、10小时、12小时、14小时、16小时、18小时、20小时、22小时、24小时），连续测温10次后，再于36小时测温一次，详细记录并划出体温曲线，同时记录局部肿胀程度，以备判定。局部肿胀以手掌大（横径10cm）为明显反应。

3.7 皮下注射鼻疽菌素的马、驴、骡可发生体温反应及局部或全身反应。

3.7.1 体温反应：鼻疽病畜一般在皮下注射鼻疽菌素后6～8小时体温开始上升，12～16小时体温上升到最高，此后逐渐降低，有的在注射30～36小时后，体温再度轻微上升。

3.7.2 局部反应：注射部位发热，肿胀疼痛，以注射后24～36小时最为显著，直径可达10～20cm，并逐渐消散，有时肿胀可存在2～3天。

3.7.3 全身反应：注射后精神不振，食欲减少，呼吸短促，脉搏加快，步态跟跄、战栗，大小便次数增加，颌下淋巴结肿大。

3.8 鼻疽菌素皮下注射（热反应）判定标准

3.8.1 阴性反应：体温升至39℃以下并无局部或全身反应。

3.8.2 疑似反应：体温升至39℃（不超过39.6℃），

有轻微全身反应及局部反应者，或体温升至40℃以上稽留并无局部反应时，也可认为疑似反应。

3.8.3 阳性反应：体温升至40℃以上稽留及有轻微局部反应，或体温在39℃以上稽留并有显著的局部反应（肿胀横径10cm以上）或有全身反应。

4 鼻疽菌素眼睑皮内注射操作方法

4.1 药品及器材

4.1.1 鼻疽菌素（用前随时稀释，鼻疽菌素1份用0.5%石炭酸生理盐水3份充分混匀）。

4.1.2 1～2mL注射器、针头（用前煮沸消毒）、消毒盘、煮沸消毒器、镊子、耳夹子、工作服、口罩、线手套。

4.1.3 酒精、碘酒、硼酸、来苏尔、纱布、脱脂棉、记录表。

4.2 注射前检查结膜及眼睛是否单、双瞎等情况。注射后检查颌下淋巴结及有无鼻漏，并详细记录检查情况。

4.3 注射部位通常在左下眼睑边缘1～2cm内侧眼角三分之一处皮肤实质内，注射前用硼酸棉消毒注射部位。

4.4 注射前助手保定马匹，术者用食指、拇指捏住下眼睑，右手持注射器，手掌（小指外缘）支撑头部对左手捏起的眼睑皱襞术部斜向刺入下眼睑皮内，注入0.1mL鼻疽菌素，食指感觉注射液推进迟滞，局部呈现小包，即为药液已进入皮内。

4.5 注射一般在早晨。注射后第24小时、36小时、48小时分别进行检查。详细记录结果。

4.6 鼻疽菌素眼睑皮内注射反应判定标准

4.6.1 阴性反应：无反应或下眼睑有极轻微肿胀、流泪的，为阴性反应。记录为"—"。

4.6.2 疑似反应：下眼睑稍肿胀，有轻微疼痛及发热，结膜潮红，无分泌物或仅有浆黏液性分泌物的，为疑似阳性，记录为"±"。

4.6.3 阳性反应：下眼睑肿胀明显，有显著的疼痛及灼热，结膜发炎畏光，有脓性分泌物的，为阳性。记录为"＋"。

5 开放性鼻疽临床诊断鉴别要领

5.1 将病畜保定，术者和助手穿工作服（避免白色），戴胶皮手套、口罩、风镜及保护面具，先用3%来苏尔水，洗净病畜鼻孔内外后，在病畜前侧面适当位置，术者用手打开鼻孔，助手用反射镜或手电筒照射鼻腔深部，仔细检查黏膜上有无鼻疽特有结节溃疡及星芒状瘢痕及其他异状。检查完毕将服装、器材分别进行消毒（用3%来苏尔水浸1小时或煮沸10分钟），避免交叉传染。

5.2 鼻腔鼻疽临床症状

5.2.1 鼻汁：初在鼻孔一侧（有时两侧）流出浆液

性或黏液性鼻汁，逐渐变为不洁灰黄色脓性鼻汁，内混有凝固蛋白样物质，有时混有血丝并带有臭味，呼吸带哮鸣音。

5.2.2　鼻黏膜发生结节及溃疡：在流鼻汁同时或稍迟，鼻腔黏膜尤其是鼻中隔黏膜上出现新旧大小不同灰白色或黄白色的鼻疽结节，结节破溃构成大小不等、深浅不一、边缘隆起的溃疡（结节与溃疡多发生于鼻腔深部黏膜上），已愈者呈扁平如星芒状、冰花状的瘢痕。

5.2.3　颌下淋巴结肿大：急性或慢性鼻疽的经过期颌下淋巴结肿胀，初有痛觉，时间长久，则变硬、触摸无痛感，附着于下颌骨内面不动，有时也呈活动性。

5.3　皮肤鼻疽临床症状

皮肤鼻疽多发于四肢、胸侧及下腹部，在皮肤或皮下组织发生黄豆大小或胡桃、鸡蛋大结节，不久破裂流出黏稠灰黄或红色脓汁（有时带血），形成浅圆形溃疡或向外穿孔呈喷火口状溃疡。结节和溃疡附近淋巴结肿大，附近淋巴管粗硬呈念珠状索肿，肿胀周围呈水肿浸润，皮肤肥厚，有时呈蜂窝织炎，"象皮腿"，公畜并发睾丸炎。

5.4　开放性鼻疽判定标准

5.4.1　凡有5.2.1、5.2.2、5.2.3病变的，均为开放性鼻疽。

5.4.2　凡有5.2.1病状而无5.2.2、5.2.3病状的或有5.2.1、5.2.3项病状而无5.2.2病状的，可用鼻疽菌素点眼，呈阳性反应的为开放性鼻疽。

5.4.3　凡有5.3症状的，即为开放性鼻疽。

5.5　不具备5.4项症状，并有可疑鼻疽临床症状的，判定为可疑开放性鼻疽。

6　鼻疽补体结合反应试验操作办法

6.1　采取被检血清

6.1.1　药品器材

6.1.1.1　来苏尔、石炭酸、酒精、碘酒、纱布、脱脂棉。

6.1.1.2　灭菌试管、试管架、试管签、送血箱、煮沸消毒器、消毒盘、镊子、毛刷、毛剪、采血针（带胶管，每针采一次后必须清洗煮沸消毒后，再行使用）。

6.1.2　在被检牲畜颈前1/3处静脉沟部位剪毛消毒，将灭菌采血针刺入颈静脉，使血液沿管壁流入试管内，防止血液滴入产生泡沫，引起溶血现象。

6.1.3　采出的血液，冬季应放置室内防止血清冻结，夏季应放置阴凉之处并迅速送往实验室。如在3昼夜内不能送到，应先将血清倒入另一灭菌试管内，按比例每1mL血清加入1～2滴5%石炭酸生理盐水溶液，以防腐败。运送时使试管保持直立状态，避免振动。

6.2　预备试验（溶血素、补体、抗原等效价测定）

6.2.1　准备下列材料

6.2.1.1　标准血清：鼻疽阴、阳性马血清。

6.2.1.2 鼻疽抗原。

6.2.1.3 溶血素。

6.2.1.4 补体：采取健康豚鼠血清。采血前饥饿7～8小时，于使用前一日晚由心脏采血，如检查材料甚多，需大量补体时，亦可由颈动脉放血，放于培养皿或试管中，待血液凝固后再轻轻划破或剥离血块后移于冰箱，次日清晨分离血清。如当日采血，可直接盛于离心管中，置恒温箱20分钟，将血块搅拌后，在离心器中分出血清亦可。每次补体应由3～4个以上豚鼠血清混合。

6.2.1.5 绵羊红细胞：绵羊颈静脉采血，脱纤防止血液凝固，并离心3次，以清洗红细胞；第一次1500～2000r/min离心15分钟，吸出上清液加入细胞量3～4倍的生理盐水轻轻混合后做第二次离心，方法同前。使用前将洗涤后的细胞做成2.5%细胞液（即1：40倍溶液）。稀释后的红细胞最多保存一天，但离心后的红细胞在冰箱中可保存3～4日。

6.2.1.6 生理盐水：1000mL蒸馏水中加入8.5g氯化钠，灭菌后使用。

6.2.2 溶血素效价测定，每一个月左右测效价一次，按下列方法进行（表1）。

6.2.2.1 将稀释成（1：100）～（1：5000）不同倍数的溶血素血清各0.5mL分别置于试管中。

6.2.2.2 将1：20倍补体及1：40绵羊红细胞各0.5mL分别加入上述试管中。

6.2.2.3 另外制作缺少补体、缺少溶血素的对照管，并补充等量生理盐水。

6.2.2.4 每管分别添加生理盐水1mL，置于37～38℃水浴箱中15分钟。

6.2.2.5 观察结果：能完全溶血的最少量溶血素，即为溶血素的效价，也称为1单位（对照管均不应溶血），当补体滴定和正式试验时，则应用2单位（或称为工作量）即减少1倍稀释。

6.2.3 补体效价测定

每次进行补体结合反应试验，应于当日测定补体效价。先用生理盐水将补体做1：20稀释，然后按表2进行操作。

振荡均匀后置37～38℃水浴20分钟。

补体效价：是指在2单位溶血素存在的情况下，阳性血清加抗原的试管完全不溶血，而在阳性血清未加抗原及阴性血清不论有无抗原的试管发生完全溶血所需最少补体量，就是所测得补体效价，如表2中第7管20×稀释的补体0.28mL即为工作量补体按下列计算，原补体在使用时应稀释的倍数：

$$\frac{补体稀释倍数}{测得效价} \times 使用时每管加入量 = 原补体稀释倍数$$

上列按公式计算为：20/0.28×0.5=35.7

即此批补体应作1：35.7倍稀释，每管加0.5mL为一个补体单位。

表 1 溶血素效价测定

溶血素稀释	1:100	1:500	1:1000	1:1500	1:2000	1:2500	1:3000	1:3500	1:4000	1:5000	对照	对照
溶血素	0.5	0.5	0.5	0.5	0.5	0.5	0.5	0.5	0.5	0.5	—	—
1:20补体	0.5	0.5	0.5	0.5	0.5	0.5	0.5	0.5	0.5	0.5	0.5	—
2.5%红细胞	0.5	0.5	0.5	0.5	0.5	0.5	0.5	0.5	0.5	0.5	0.5	0.5
生理盐水	1.0	1.0	1.0	1.0	1.0	1.0	1.0	1.0	1.0	1.0	1.5	2.0

表 2 补体效价测定（单位：mL）

管号\成分	1	2	3	4	5	6	7	8	9	10	对照管		
											11	12	13
20倍补体	0.10	0.13	0.16	0.19	0.22	0.25	0.28	0.31	0.34	0.37	0.5		
生理盐水	0.40	0.37	0.34	0.31	0.28	0.25	0.22	0.19	0.16	0.13	1.5		
抗原（工作量）（不加抗原管加生理盐水）	0.5	0.5	0.5	0.5	0.5	0.5	0.5	0.5	0.5	0.5	1.5		
10倍稀释阳性血清或10倍稀释阴性血清	0.5	0.5	0.5	0.5	0.5	0.5	0.5	0.5	0.5	0.5	2.0		

考虑到补体性质极不稳定，在操作过程中效价会降低，故使用浓度比原效价高10%左右。因此，本批补体应作1：35稀释使用，每管加0.5mL（表3、表4）。

6.2.4　抗原效价，最少每半年滴定一次，具体操作方法如下（表5）。

6.2.4.1　将抗原原液稀释为（1：10）～（1：500），各以0.5mL置于试管中，共作成12列。

6.2.4.2　在第1列不同浓度的抗原稀释液中，加入1：10的阴性马血清0.5mL；在第2列不同浓度的抗原稀释液中，加入生理盐水0.5mL；在第3列到第7列不同浓度的抗原稀释液中，分别加入1：10、1：25、1：50、1：75及1：100的强阳性马血清0.5mL。

6.2.4.3　于前述各不同行列试管中，各加入补体（工作量）0.5mL（表6）。

6.2.4.4　置37～38℃水浴箱中20分钟。

6.2.4.5　加温后，各溶液中再加入0.5mL的2.5%红细胞及2单位溶血素后，再置37～38℃水浴箱中20分钟。

6.2.4.6　选择在不同浓度的阳性血清中，产生最明显的抑制溶血现象的，在阴性血清及无血清的抗原对照中则产生完全溶血现象的抗原最大稀释量为抗原的工作量。

根据以上列举的结果，抗原效价为1：150的稀释量（表7）。

表3　振荡均匀后置37~38℃水浴20分钟效价测定

二单位溶血素	0.5	0.5	0.5	0.5	0.5	0.5	0.5	0.5	0.5	0.5	—	0.5
2.5%红细胞悬液	0.5	0.5	0.5	0.5	0.5	0.5	0.5	0.5	0.5	0.5	0.5	0.5

表4　振荡均匀后置37~38℃水浴20分钟效价测定

阳性血清加抗原	#	#	#	#	#	#	#	#	#	#	#	#
阴性血清未加抗原	#	#	#	#	+++	++	+	—	—	—	—	#
阴性血清加抗原	#	#	#	#	+++	++	+	—	—	—	—	#
阳性血清未加抗原	#	#	#	#	+++	++	+	—	—	—	—	#

表5　抗原的效价测定

抗原稀释	1:10	1:50	1:75	1:100	1:150	1:200	1:300	1:400	1:500
抗原（mL）	0.5	0.5	0.5	0.5	0.5	0.5	0.5	0.5	0.5
阴（阳性）血清	0.5	0.5	0.5	0.5	0.5	0.5	0.5	0.5	0.5
补体（工作量）	0.5	0.5	0.5	0.5	0.5	0.5	0.5	0.5	0.5

表6 37~38℃水浴20分钟

2.5%红细胞	0.5	0.5	0.5	0.5	0.5	0.5	0.5	0.5	0.5
溶血素（工作量）	0.5	0.5	0.5	0.5	0.5	0.5	0.5	0.5	0.5

表7 抗原效价测定结果观察举例

抗原稀释	1：10	1：50	1：70	1：100	1：150	1：200	1：300	1：400	1：500
血清稀释 1：10	#	#	#	#	#	#	+++	+++	++
1：25	#	#	#	#	#	#	+++	++	+
1：50	+++	#	#	#	#	+++	++	+	−
1：75	+++	++	+++	+++	+++	++	+	−	−
1：100	++	++	+++	+++	+++	+	−	−	−

6.3 正式试验

6.3.1　在6.2.1～6.2.4的预备试验基础上，进行正式试验（表8）。

表8　正式试验

正式试验		对　照					
		阴性血清		阳性血清		抗原	溶血素
生理盐水	0.45	0.9	0.45	0.9	0.45	0.9	—	1.0
被检血清	0.05	0.1	0.05	0.1	0.05	0.1	—	—

6.3.1.1　排列试管加入1∶10稀释被检血清，总量为0.5mL，此管准备加抗原。另一管总量为1mL，不加抗原作为对照。

6.3.1.2　马血清在58～59℃加温30分钟，骡、驴血清在63～64℃加温30分钟（表9）。

表9　58～59℃（或63～64℃）水浴箱中30分钟

抗原（工作量）	0.5	—	0.5	—	0.5	—	1.0	—
补体（工作量）	0.5	0.5	0.5	0.5	0.5	0.5	0.5	0.5

6.3.1.3　加入鼻疽抗原（工作量）0.5mL。

6.3.1.4　加入补体（工作量）0.5mL。

6.3.1.5　加温后各试管中再加入2.5%红细胞稀释液0.5mL及2单位溶血素0.5mL。

6.3.1.6 再置37～38℃水浴箱中20分钟（表10）。

表10 37～38℃水浴箱中20分钟

2.5%红细胞	0.5	0.5	0.5	0.5	0.5	0.5	0.5	0.5
溶血素 （工作量）	0.5	0.5	0.5	0.5	0.5	0.5	0.5	0.5
判定举例	#	—	—	—	#	—	—	—

6.3.2 为证实上述操作过程中是否正确，应同时设置对照试验。

6.3.2.1 健康马血清。

6.3.2.2 阳性马血清。

6.3.2.3 抗原（工作量）。

6.3.2.4 溶血素（工作量）。

6.3.3 加温完毕，立即做第一次观察。阳性血清对照管须完全抑制溶血，其他对照管完全溶血，证明试验正确。静置室温12小时后，再做第二次观察，详细记录两次观察结果。

6.3.4 为正确判定反应结果，按下述办法制成标准比色管，以判定溶血程度（表11）。

6.3.4.1 置2.5%红细胞稀释液0.5mL、0.45～0.05mL（其参数为0.05）于不同试管中，另一管不加。

6.3.4.2 选择6.3.1试验中完全溶血者数管混合（其参数为0.25），按表11分量顺次加入前项各不同量的红细胞稀释液中。

6.3.4.3 再补充生理盐水（即2.0mL、1.8 ～ 0.2mL等），使每管的总量为2.5mL。

表11 溶血程度表

溶血程度/%	0	10	20	30	40	50	60	70	80	90	100
2.5%红细胞	0.5	0.45	0.4	0.35	0.3	0.25	0.2	0.15	0.1	0.05	0
溶血素	0	0.25	0.5	0.75	1.0	1.25	1.5	1.75	2.0	2.25	2.5
生理盐水	2.0	1.8	1.6	1.4	1.2	1.0	0.8	0.6	0.4	0.2	0
总量	2.5	2.5	2.5	2.5	2.5	2.5	2.5	2.5	2.5	2.5	2.5

6.3.5 判定标准

6.3.5.1 阳性反应

红细胞溶血0 ～ 10%者为＃；

红细胞溶血10% ～ 40%者为＋＋＋；

红细胞溶血40% ～ 50%者为＋＋。

6.3.5.2 疑似反应

红细胞溶血50% ～ 70%者为＋；

红细胞溶血70% ～ 90%者为±。

6.3.5.3 阴性反应

红细胞溶血90% ～ 100%者为－。

7 附表

（表12和表13）

表12　鼻疽菌素点眼检疫记录表　　　年　月　日

编号	畜别	性别	年龄	特征	第一次点眼反应						第二次点眼反应						综合判定
					临床检查	3	6	9	24	判定	临床检查	3	6	9	24	判定	

兽医：　　　　　　　　　（签名）

表13　鼻疽菌素反应牲畜送血检血记录表　　年　月　日

编号	畜别	临床症状	鼻疽菌素反应结果	采血日期	血管号码	补体结合反应			备注
						收血日期	检验日期	结果	

兽医：　　　　　　　　　（签名）